超级探险家训练营

CHAOJI TANXIANJIA XUNLIANYING

穿越峡谷

CHUANYUE XIAGU

知识达人 编著

成都地图出版社

图书在版编目（CIP）数据

穿越峡谷 / 知识达人编著 . —成都 : 成都地图出版社 , 2016.8（2021.5 重印）
（超级探险家训练营）
ISBN 978-7-5557-0457-7

Ⅰ . ①穿… Ⅱ . ①知… Ⅲ . ①峡谷－普及读物
Ⅳ . ① P931.2-49

中国版本图书馆 CIP 数据核字 (2016) 第 210500 号

超级探险家训练营——穿越峡谷

责任编辑：程海港
封面设计：纸上魔方

出版发行：成都地图出版社
地　　址：成都市龙泉驿区建设路 2 号
邮政编码：610100
电　　话：028－84884826（营销部）
传　　真：028－84884820

印　　刷：唐山富达印务有限公司
（如发现印装质量问题，影响阅读，请与印刷厂商联系调换）

开　　本：710mm×1000mm　1/16
印　　张：8　　　　　　　字　　数：160 千字
版　　次：2016 年 8 月第 1 版　　印　　次：2021 年 5 月第 4 次印刷
书　　号：ISBN 978-7-5557-0457-7
定　　价：38.00 元

为什么在沼泽地中沿着树木生长的高地走就是安全的呢？
"小老树"长什么样子？地球上最冷的地方在哪里？北极的生
物为什么是千奇百怪的？……

想知道这些答案吗？那就到《超级探险家训练营》中去寻
找吧。本套丛书漫画新颖，语言精练，故事生动且惊险，让小
读者在掌握丰富科学知识的同时，也培养了小读者在面对厄难
和逆境时的勇气和智慧。

为了揭开丛林、河流、峡谷、沼泽、极地、火山、高原、
丘陵、悬崖、雪山等的神秘面纱，活泼、爱冒险的叮叮和文静
可爱的安妮跟随探险家布莱克大叔开始了奇妙的旅行，他们会
遭遇什么样的困难，又是如何应对的呢？让我们跟随他们的脚
步，一起去探险吧！

主人翁

布莱克大叔（40岁）：地理学家、探险家，深受孩子们喜爱。

叮叮（10岁小男孩）：活泼好动，勇于冒险，总是有许多奇思妙想，梦想多多。

安妮（9岁小女孩）：文静可爱，做事认真仔细，洞察力较强。

目录

目录

第一章

准备出发

　　安妮和叮叮老是闲不住，这让布莱克大叔非常头疼。他们不仅打打闹闹，还整天围着布莱克大叔转，让布莱克大叔带他们去这里玩，带他们去那里玩，布莱克大叔感到有点招架不住了，要是再不带他们出去冒险，看来是没有清静日子了。

1

"你们喜欢峡谷吗？"布莱克大叔问安妮和叮叮。

"峡谷肯定特别神秘……"

"那里一定很惊险……"

"布莱克大叔要带我们去峡谷玩吗？简直太好了！"两个孩子一脸惊喜，争先恐后地答道。

看到两个人兴致这么高，布莱克大叔决定带他们去峡谷冒险，让他们感受一下大自然鬼斧神工的魔力。

"既然你们这么喜欢峡谷，那我就带你们去世界上有名的峡谷看看吧！"布莱克大叔笑呵呵地说。

听到要去峡谷，而且是世界有名的峡谷，安妮和叮叮可高兴了，他们蹦蹦跳跳地鼓起掌来。

峡谷虽然很神秘，很吸引人，但同样也很危险，那里有很多不可预知的因素，所以布莱克大叔告诉安妮和叮叮要做好充足的心理准备，以免遇到危险时不知所措。

"峡谷大多地势陡峭，既有险峻的自然环境，也有各种奇特的动物。此外，很多峡谷都有河流，奔腾的河水加上大自然切削的地貌，确实是很吸引人的。"布莱克大叔慢悠悠地对安妮和叮叮说着关于峡谷的一切。

　　听布莱克大叔说得这么精彩，安妮和叮叮早就忍不住了，恨不得现在就身处峡谷里，感受大自然的魅力。

　　"世界上有很多非常有名的峡谷，而最有名的莫过于雅鲁藏布大峡谷，其他的比如美国的科罗拉多大峡谷、秘鲁的科尔卡大峡谷等，也非常有名，咱们都要去

看看。咱们的第一站就是雅鲁藏布大峡谷，你们准备好了吗？"布莱克大叔提高声音，就像是在发动员令。

听到布莱克大叔的话，安妮和叮叮高声回应着："我们已经准备好了！"他们心里想，看来这一次跟着布莱克大叔一定会有不一样的经历。

准备好迎接我们吧，雅鲁藏布大峡谷！

第二章

壮观的雅鲁藏布江大拐弯

虽然坐在飞机上，可安妮和叮叮的心却早已飞到雅鲁藏布飞到大峡谷去了。很快，飞机降落到了拉萨，两个人以为终于可以休息一下了，哪知道布莱克大叔却告诉他们这才刚开始。他们还得坐大巴车行驶500多千米，到那时候才算是真正见到了

雅鲁藏布大峡谷。

听了布莱克大叔的话，安妮和叮叮倒吸了一口凉气，这是什么样的旅行节奏呀！但是雅鲁藏布大峡谷对他们的魅力让他们忘却了此时的劳累，只想尽快见到它，看看它的真面目。于是，他们赶紧跟着布莱克大叔去车站坐大巴车了。

经过几个小时的颠簸，一行三人终于到了雅鲁藏布大峡谷附近，此时安妮和叮叮感到身子都快散架了，他们的精气神也被一路的折腾磨没了，现在最想做的事情就是赶紧睡一觉。布莱克大叔看安妮和叮叮确实是累坏了，就在当地找了一个住的地方，打算第二天再带他们去看著名的雅鲁藏布江大拐弯。听到

布莱克大叔这么安排，安妮和叮叮的疲劳好像减轻了一点，他们赶紧去吃饭休息，这样才能养足精神，迎接第二天的惊喜。

第二天一大早，安妮和叮叮就来到布莱克大叔身边，迫不及待地想要开始新的旅程。布莱克大叔带着安妮和叮叮吃过早饭后向雅鲁藏布江六拐弯出发了。

"布莱克大叔，我们第一站就来这里，是不是说明雅鲁藏布大峡谷最神奇呀？"安妮想从布莱克大叔那里多了解一些有关大峡谷的事情。

"是呀，这是世界上最深的峡谷，最深的地方有5000多米。这里的生物资源非常丰富，有3500多种植物，动物种类也非常多，很多还是濒危动物。

此外，这里一共有9个垂直自然带，从高山冰雪到热带雨林都可以在这里看到。尤其是南迦巴瓦峰，那里简直就是大自然的博物馆。"布莱克大叔一边走，一边给安妮和叮叮细细讲述着。

安妮和叮叮边走边听着布莱克大叔讲关于雅鲁藏布大峡谷的事情，一点也不觉得累。山路崎岖，很不好走，幸亏布莱克大叔提前买了三根拐杖，穿的也是登山鞋，所以他们一路上并没有遇到什么危险，

没多久就到了能观看雅鲁藏布江大拐弯的地方了。出于安全考虑，他们站在半山腰上眺望雅鲁藏布江大拐弯，并没有走得特别近。远远望去，雅鲁藏布江呈现在眼底，雅鲁藏布大峡谷也在眼底，峡谷两旁除了高山就是密密麻麻的森林，显得特别壮观。

　　江水从上游奔腾而来，刚一进入大峡谷，顿时就变窄了，河床也变得更加陡峭了。江水突然受到阻挡，变得更湍急了，像是在咆哮一样。安妮和叮叮站在半山腰也能听到远处传来的江水的怒吼声，他们被江水的阵势惊呆了，真的是太壮观了！

"看，那就是著名的雅鲁藏布江大拐弯。"布莱克大叔一边说，一边指向远方。

顺着布莱克大叔手指的方向看过去，远处有两座高山，而江水就在这两座高山之间奔腾着。布莱克大叔告诉安妮和叮叮，南边的那座山峰就是南迦巴瓦峰，江水就是围绕着这座山峰拐出了第一个马蹄形状的弯。当弯道变成直道的时候，江水的力量就会完全爆发，它就像是一条巨龙，朝着远方奔去。

没多久，江水突然又拐了一个大弯，也是一个马蹄形状，继续往南奔腾着……

这神奇的拐弯，这雄壮的山峰，加上江水的怒吼，让安妮和叮叮体验到了从未有过的一种来自大自然的力量和壮美，这让他们久久回味。看到安妮和叮叮的神情，布莱克大叔知道这第一站让他们彻底震惊了，这是一个好的开头，接下来还会有更多好玩的事情等着他们呢。

　　"感觉怎么样呀，说说你们的感受。"布莱克大叔笑着对安妮和叮叮说道。

　　"简直不能用语言来形容了，这样壮观的景致，竟然完全是出自大自然的手笔，真是太令人惊叹了！"安妮忍不住赞叹道。

　　"我觉得这里的江水是有生命的，奔腾着，就像是生命在咆哮，真是让人不可思议！"叮叮好像突然

一下子被激发出灵感，成了一位诗人，还被安妮取笑了一番。

　　"我们得往回赶了，这只是第一站。我们要休息好，继续新的旅程。"布莱克大叔招呼安妮和叮叮离开了。俗话说，上山容易下山难，所以他们在下山时走得很慢。在返回的路上，他们听到江水的咆哮声越来越小……

第 三 章

壮观的藏布巴东瀑布

"你们见过瀑布吗？"布莱克大叔问安妮和叮叮。听到布莱克大叔这么问，安妮和叮叮心里在想，是不是布莱克大叔打算带他们去看瀑布呢。

"我见过，是那种人工造出来的，真正的大自然瀑布我还真没见过呢。"安妮对于没有见过真正的瀑布觉得非常遗憾。

13

　　"我见过瀑布，但是不大，都挺小的，我在想要是能有机会看到一些大的瀑布那该多好呀！"叮叮一边说，一边闭上眼睛想象，好像自己已经到了大瀑布的面前。

　　"既然你们都这么想看瀑布，我就带你们去看雅鲁藏布大峡谷非常著名的瀑布——藏布巴东瀑布，它是中国最大的瀑布群，最大的两处瀑布的高度都超过了30米，非常壮观。"布莱克大叔刚说完，安妮和叮叮就已经忍不住拍手叫好了。

　　很快，布莱克大叔就带着安妮和叮叮来到瀑布附近的度假村，这里也算是旅游胜地了，每年都有很多游客来到这里观看瀑布群。这里的住宿条件还算是不错的，环境优美，还有美味的糌粑，安妮和叮叮都非常喜欢它的味道。

吃过晚饭后，布莱克大叔就让他们早点去休息。第二天一大早，他们和其他的游人一起，浩浩荡荡地向着瀑布群的方向出发了。

还没走到瀑布跟前，人们就已经听到了不远处越来越大的水声，看来他们就快到瀑布了。安妮和叮叮抑制不住内心的兴奋，加快脚步往前走，希望尽快看到瀑布的真面目。

叮叮第一个走到高处，这里是观看瀑布最理想的地方，既能看得清楚，又不必担心被水淋湿。叮叮刚一上来，就被眼前

的景象惊得目瞪口呆：眼前出现了一处大瀑布，水流肆意地撞击着岩石，仿佛在示威一样，但是不久它就遇上了一块巨石，只得把自己分成两部分，从巨石两边流过，这就形成了两股瀑布。此时，水雾升腾，激起一排排浪花，最高的足有上百米。

　　紧接着，安妮、布莱克大叔和其他的游人也都上来了，看到这壮观的场面，很多人都忘记了手中的相机，只发出一连串的感叹。

布莱克大叔告诉安妮和叮叮，这处瀑布落差有35米，是瀑布群里落差最大的一处。

人们往下走了大约五六百米，就看到了第二处瀑布。这一处瀑布宽约33米，比上一处瀑布窄，但水流却更急，声音也更大，就像是雷声轰鸣。瀑布下面的水潭也非常深，就像是一池沸腾的牛奶，不停地翻滚着白色的浪花。

瀑布好像知道有人来看它似的，像是在较劲一般，用尽所有的力气为这些游客表演着，它的怒吼和拍击就像是在宣泄生命。

再往下走还有好几处小瀑布，虽然不像前面的瀑布那样震撼人心，但也非常壮观。这些瀑布的落差很小，都在5米左右。

从下面往上看去，上面的大瀑布的声音听得非常清楚，再看看眼前的小瀑布，更让人感受到大自然的无穷力量。

一圈看下来，这个瀑布群的落差竟然达到了近百米，可想而知，这样的落差造就出来的水流会有多么不可想象的冲击力。

回到度假村后，布莱克大叔想带安妮和叮叮去感受一下当地人的生活。于是，他就带着他俩来到当地人家里。

这里的人都很好客，一看到来客人了，主人马上拿出款

待客人的美酒。安妮和叮叮不能喝酒，布莱克大叔倒是兴致很高，一连喝了好几碗。安妮和叮叮看到院子里种植了好多药材和各种珍贵的菌类，都不禁感叹这里的人真的是得到了大自然的厚爱。

这一段旅行，安妮和叮叮既感受到了当地少数民族的生活，品尝了他们的独特美食，又观看了壮观的瀑布群，他们感到非常满意，收获很大。看到安妮和叮叮这么高兴，布莱克大叔的心情也非常好。他们高兴地离开这里，开始了新的旅程。

糌粑（zānbā）

糌粑，是藏族人的食物，其实就是青稞炒面。他们首先把青稞炒熟，然后磨细，不用去皮，在一个容器里倒上酥油，然后加入磨细的青稞面，细细揉搓，同时慢慢加进一些茶水，直到它们都融合在一起，捏成团，接着就可以开始吃了。

藏族人吃糌粑，一般都是用手抓着直接吃，不用筷子等餐具，也会配上酥油茶，一边吃糌粑，一边喝着酥油茶，真是一种很好的享受。糌粑是藏族人常用来招待客人的一种美食。

第四章

神气的长尾叶猴

　　布莱克大叔决定带着安妮和叮叮沿着河谷往上走，一直走到南迦巴瓦峰。河谷特别不好走，安妮和叮叮都感到累极了，有点吃不消，关键是附近并没有什么让他们感兴趣的东西。两个人耷拉着脑袋，步子也慢了下来。布莱克大叔看出安妮和叮叮都很累了，就让他们停下来休息一会儿。

一听这话，叮叮乐坏了，他可以喝点水，顺便吃点零食了。走了这么长时间，也没有看到什么好玩的东西，叮叮觉得有点遗憾。

　　安妮则坐在布莱克大叔的身边，她喜欢听布莱克大叔讲好玩的事情。

　　布莱克大叔告诉安妮和叮叮："这个季节，河谷地区是长尾叶猴的活动区域，它们经常成群来到河谷地区，要是运气好的话，也许还能看到它们打斗呢。"听到布莱克大叔这么说，刚才还觉得特别累的叮叮和安妮突然觉得浑身是劲，眼睛也四下看着，想着哪个方向会突然出来一大群长尾叶猴呢。

21

吃饱喝足后，布莱克大叔带着安妮和叮叮继续沿着河谷往前走。路上，安妮和叮叮向布莱克大叔提了很多问题，都是关于长尾叶猴的。

　　三个人正聊得高兴的时候，突然听到远处的树林里发出一阵响声，好像是成群的动物来了。安妮和叮叮心里一激动，该不会是长尾叶猴来了吧，那样就太好了！

　　"听这个动静，十有八九是长尾叶猴，快躲起来，不管是什么，我们都不能惊扰到它们。"布莱克大叔低声对安妮和叮叮说道，然后拉着两个人躲起来，这里虽然隐蔽，但视野却很开阔。

　　安妮和叮叮一动不动，瞪着眼睛盯着刚才发出动静的地方，他们希望真的是长尾叶猴来了！

布莱克大叔告诉安妮和叮叮，长尾叶猴一般都成群结队地活动，一群一般有20只或者更多。它们喜欢空旷的地方，常常聚集在一起。群里的头猴非常霸道，喜欢欺负弱小的猴子，但幼猴却是受到猴群保护的。

　　原来长尾叶猴的老大还喜欢欺负小弟呢，真是想不到呀！安妮和叮叮都觉得长尾叶猴很有意思。

　　突然，树林里蹿出几只猴子，它们头上的毛是白色的，整个脸都是黑色的，尾巴卷起来，高高地翘着。不一会儿，又蹿出来十多只猴子，聚在一起，在河边的空地上晒起了太阳。

"这就是长尾叶猴，咱们的运气真好呀！别说话，静静观察它们。"布莱克大叔对安妮和叮叮说道。

"快看，快看，它们在干什么呢，难道是在抓身上的虱子吗？"叮叮赶紧问布莱克大叔。

"它们是在相互理毛，发现虱子的话也会顺便抓下来。长尾叶猴喜欢干净，每天都要花上5个小时的时间相互理毛呢。"布莱克大叔说。

这个时候，一只头猴背着手，不紧不慢地走到一只比较瘦的猴子身边，趁它不注意，伸出爪子朝它的脑袋拍了一下，那只瘦猴子不敢反抗，赶紧闪到一边去了，可能觉

得惹不起总躲得起吧。

看到这只头猴的动作，安妮和叮叮忍不住笑了起来，这只头猴真像是我们生活中的某些人，喜欢欺负弱小，真是太讨厌了。

"其实，猴群里的头猴是经常换的，谁最厉害谁就当头猴，这样才能更好地保护整个猴群。它们对于同类一般都比较友好，有时候即使别的猴群来了，它们也不会轻易打架，除非是别的猴子到它们的猴群里捣乱。"布莱克大叔继续说。

突然，头猴发出一声怪叫，然后跑到树林里去了。紧接着，

别的猴子也一只接一只地跑到树林里去了。也许，头猴那声怪叫是在告诉猴群赶紧回到森林里去吧。

安妮和叮叮还没看够呢，猴群却跑了，他们都感到有点遗憾，不过能看到长尾叶猴已经很幸运了。两个人跟着布莱克大叔继续往前走，期待着能有更让人激动的发现。

第 五 章

可爱的小熊猫

　　布莱克大叔带着安妮和叮叮继续沿着河谷，向雅鲁藏布大峡谷更深处走去，平时这里很少有人来，这让安妮和叮叮有了更多的期待。

　　布莱克大叔告诉安妮和叮叮要走快一点，这样才能够赶

在天黑之前找到一个安全的宿营地。很多动物都在夜间出来活动，一旦被它们发现可能会有危险。

"来了！来了！安妮，你快点，跟上我们！"叮叮一边答应着布莱克大叔，一边催促着安妮。两个人快走几步，赶上了布莱克大叔，紧紧跟在他的身后。

"现在正是黄昏，这个时候正是小熊猫活动的时间，你们要提高警惕，一旦发现动静，立刻躲起来，听到了吗？"听到布莱克大叔的话，安妮和叮叮非常高兴，他们见过大熊猫，却还真没见过小熊猫呢。

布莱克大叔边走边四处看，寻找最合适的宿营地。

突然，布莱克大叔摆手示意安妮和叮叮停下来，两个人赶紧停住了脚步。

　　"赶紧躲到旁边的大石头后面去，快点！"布莱克大叔喊道，虽然声音很小，但是安妮和叮叮听得非常清楚。

　　听了布莱克大叔的话，安妮和叮叮赶紧躲到大石头的后面，谁也不说话，只是到处看，他们想看看究竟发生了什么事情。

　　布莱克大叔指了指不远处。安妮和叮叮顺着他的手指看过去，发现那里有一棵大树，树枝上有一只动物，看起来像是松

鼠，又像是狐狸，身体大部分是棕色的，只有耳朵和鼻子附近是白色的。

"布莱克大叔，树上是什么呀？我们躲在这里，它应该看不见吧？"安妮问布莱克大叔。

"小熊猫。小熊猫一般是独居的，大多在黄昏或是晚上出来寻找食物。它们一般吃植物的果实、根、茎等，偶尔也会吃一些小昆虫。这只树上的小熊猫应该正在寻找果实呢。"布莱克大叔向安妮和叮叮解释道。

小熊猫果然是在寻找果实呢，不一会儿，它就找到了吃的，只见它用自己的前爪抓住果实，慢慢送到嘴边吃了起来，看起来吃得还挺香呢。

突然，叮叮忍不住打了一个喷嚏，声音很大，正在吃东西的小熊猫听到了声音，立刻抬起头，警惕地向四周看了好几圈，确定没什么危险，又低下头继续吃果实。

"嘘！小声一点，小熊猫非常小心，别把它吓跑了。"布莱克大叔小声告诉安妮和叮叮。

突然，小熊猫的身后出现了一个不速之客，布莱克大叔看了以后，确定那就是小熊猫的天敌——貂。小熊猫只顾着吃

31

了，没有意识到身后的危险，貂离它越来越近了，它还在低着头吃东西呢。

小熊猫这么可爱，安妮非常喜欢它，看到它有危险了，安妮着急了，突然站起身来大喊了一声，小熊猫警惕地回头一看，一眼就看到了不远处的貂。

只见小熊猫腾地一下子蹿出去好远，一点也没停留，它在树枝间来回跑着，不一会儿就跑远了。貂还待在原处，看到小熊猫发现了自己，加上刚好是在树上，爬树不是它的强项，它只能眼睁睁地看着猎物跑掉了。

"小熊猫这么可爱，看到那么危险，我就忍不住喊了一声，想提醒它一下，看到它脱险了，我很高兴。"安妮开心地说道。

　　"安妮做的没有错，既然小熊猫已经走了，咱们也赶紧走吧，我们需要找一个安全的宿营地。"随后，布莱克大叔带他们找到一个安全的地方，开始吃饭、休息了。

第 六 章

奇特的穿山甲

　　他们在河谷里走了好几天，终于走到南迦巴瓦峰的山麓地带，这里大都是一些草丛和小的灌木丛。安妮和叮叮这几天累坏了，现在来到这里，感觉风景很美，他们终于可以好好休息一下了。

　　在山麓下搭好帐篷，吃过饭以后，安妮和叮叮就围坐在布

莱克大叔的身边，非要他讲一些有趣的事情。看到两个人这么热情，布莱克大叔给他们讲了起来。

"在山麓地带，有一种非常奇特的动物生活在这里，那就是穿山甲。"布莱克大叔抽了一口烟，开始慢慢给安妮和叮叮讲起穿山甲来。

"穿山甲全身有鳞甲，四肢粗短，嘴巴非常长，便于进食。穿山甲主要吃白蚁，也吃一些小昆虫。它们生活在灌木丛、杂树林、丘陵间，平时都在泥土中挖洞，白天躲在洞中休息，晚上才出来活动。"布莱克大叔讲了一些穿山甲的习性。

"既然它们就生活在这个地带，现在又是晚上，那就带我们出去转转吧，也许我们能发现穿山甲呢。"布莱克大叔刚说完，叮叮就有主意了，赶紧向布莱克大叔说出自己的想法。安妮也很想看看穿山甲到底是什么样子的，用哀求的眼神看着布

莱克大叔。

"我就知道你们两个肯定想看看穿山甲，既然来到了这里，那我们就去附近转转，但是不能跑得太远，晚上不安全。"听到布莱克大叔答应了他们的请求，安妮和叮叮别提多高兴了。

布莱克大叔拿上手电筒，带着安妮和叮叮走出帐篷，晚上还真有点冷，这里白天和晚上的温差很大，布莱克大叔赶紧让安妮和叮叮回去拿了一件厚衣服穿上，才继续寻找穿山甲。

布莱克大叔带着安妮和叮叮往地势高的山坡上走去。

"为什么我们要到山坡上去找呢，那里风大，多冷呀。"

叮叮很不理解为什么布莱克大叔不去背风的地方找找看。

"穿山甲的洞穴有两种，夏天的洞穴一般都是建在通风、凉爽的地方，比如地势高的山坡；而冬天的洞穴一般建在背风、向阳的地方，那里地势低，更暖和。"布莱克大叔一边寻找，一边给安妮和叮叮解释着。

"原来是这样呀，穿山甲还真是非常聪明的动物呢。"安妮和叮叮都对穿山甲另眼相看了。

突然，布莱克大叔停下了脚步，他好

像踩到什么东西了，安妮和叮叮赶紧上前查看。两个人看了一下，没什么东西，就是一个不大的坑，有两三厘米深。

"就是一个小坑呀。"叮叮对布莱克大叔说道。

"你错了，穿山甲很爱干净，它每次大便的时候，都会跑到洞穴外面一两米远的地方，挖一个10厘米左右深的坑，将粪便排入坑中，然后再用松土盖起来。我们发现了这个坑，就说明这附近几米的范围之内肯定有一个穿山甲的洞穴。"布莱克大叔说道。

听了这话，安妮和叮叮顿时来了精神，眼睛都有点放光了，摆出一副不找到穿山甲誓不罢休的架势。

远处的草丛中有东西在动，叮叮首先看到了，立刻告诉了布莱克大叔。三个人轻轻走了过去，仔细一看，还真是穿山甲，估计它是刚出洞穴吧，真是太巧了。

　　穿山甲发现了灯光，马上就蜷缩成一团。看到这个情况，布莱克大叔带着安妮和叮叮靠近穿山甲仔细观察，直到这个时候，他们才真正看清楚穿山甲的样子，但是因为它蜷缩成了球形，根本看不到头。

　　"你们看，这就是它的鳞甲，遇到敌人的时候它就会缩成球形，就像现在这个样子，这样可以很好地保护自己。穿山甲的鳞甲非常坚硬，就连狮子也拿它们没办法，要是咬它们的

话，还很容易被穿山甲的鳞甲划伤呢。"布莱克大叔指着穿山甲给安妮和叮叮讲解着。

安妮和叮叮都觉得穿山甲虽然个头不大，可本领却不小呢。叮叮想上前去摸一下，被布莱克大叔制止了，万一被伤到就麻烦了。

"既然你们已经看到了穿山甲，就抓紧时间回去吧，这里太冷了，也不安全。好好休息，明天就开始登山了。"布莱克大叔说完，就带着安妮和叮叮回去休息了。

穿山甲

穿山甲，其体型比较细长，全身都有鳞甲，在遇到敌人的时候，它们会把身体缩成一团，以保护自己。它们主要生活在山麓地带或潮湿的丘陵、灌木丛中，挖洞做穴居住。白天它们躲在洞中，用泥土把洞口堵住，到了晚上才出来活动。

穿山甲一般生活在热带和亚热带地区，主要食物是白蚁，也吃一些别的小昆虫。它们的食量很大，一只穿山甲就可以保证16.6公顷左右的林地不受白蚁危害，有的地方会用它们来防治白蚁，效果很好。

第 七 章

大自然博物馆——南迦巴瓦峰

　　"还记得我和你们说过，雅鲁藏布大峡谷一共有9个垂直自然带吗？这里从高山植物到热带雨林都可以看到，尤其是南迦巴瓦峰，那里简直是大自然的博物馆。咱们现在就去攀登南迦巴瓦峰，让你们感受一下吧。"布莱克大叔为安妮和叮叮准备

好登山的装备，大家就出发了。

路上，布莱克大叔告诉安妮和叮叮："南迦巴瓦峰海拔7782米，山顶终年积雪，云雾缭绕，平时一般都看不到山顶，因此它又被人们称为'羞女峰'。"安妮和叮叮听完布莱克大叔的话，仔细想了想，还真像是个害羞的女子呢，遮住面目不让人看，这个名字真是有意思。

南迦巴瓦峰南边的植被分布比较有规律，可以让安妮和叮叮更好地感受一下植被和温度的变化，最重要的是南边地势比较平缓，易于攀登，对于安妮和叮叮来说更容易一些，也更安全一些。所以，他们决定从南迦巴瓦峰的南边开始攀登。

很快，他们就到了南坡山脚下，开始找地方扎营。这里是热带雨林带，生长着很多常绿阔叶植物。

　　第二天一早，布莱克大叔就带着安妮和叮叮开始登山，海拔1000米以下的地方还是热带风光，而到了海拔1000米以上，就是亚热带阔叶林的景色了，在这里，他们发现了楠木、香樟等珍贵的树木。每当看到一种植物，布莱克大叔都会给他们讲解一番，这让安妮和叮叮学到了很多新知识。

　　到了晚上，他们就找了个地方扎营休息。第三天，他们继续往上攀登，不久就来到了海拔2400～2800米之间的温带针叶林带。这里的树木都是云南铁杉，有的甚至高达80米，直径达到两三米，需要两个人手拉手才能抱得过来。安妮和叮叮还专门试了一下，他们两个手拉手刚好勉强抱住，以前他们从来没

见过这么大的树。在这些高大的树下，还有各种杜鹃花，有的已经开花了，看起来还挺漂亮的。

不过，由于这里的海拔已经超过2700米，安妮和叮叮都不同程度地出现了高原反应。特别是叮叮，已经开始头晕、眼花，几乎什么都吃不下去了。见此情景，布莱克大叔赶紧拿出随身带的药，让安妮和叮叮服下。为了安全，布莱克大叔决定在这里休息两天，等安妮和叮叮适应了高海拔环境后再继续攀登。

两天后，布莱克大叔见安妮和叮叮已经不再有高原反应，就带着他们继续往上走。不过，为了安全

着想，他们并没有走得太快，每隔两三个小时就停下来休息一下。差不多到了海拔3000米的时候，气温就更低了，主要的植物是冷杉，这里也有各种各样的杜鹃花，地表有很多苔藓，非常潮湿。

当他们来到了寒带灌木草甸带，这里是杜鹃花的家园。这个地区约有154种杜鹃花，大约占世界杜鹃品种的25%，这个数字让安妮和叮叮非常吃惊。漫山遍野全是盛开的杜鹃花，各种颜色的花都有，山坡上一片红、一片黄、一片粉、一片蓝的，特别好看。在杜鹃花中间，还点缀着一些点地梅、银莲花、驴蹄草等植物的花朵，犹如繁星点缀的夜空一般，美丽极了。

这几天的登山经历让安妮和叮叮很有感触，原来在一座山

上还有这么多的变化，可以感受到不同温度带的景色，南迦巴瓦峰真的是名副其实的大自然的博物馆呀！

这几天的经历真是很奇特，可安妮和叮叮还是觉得不过瘾，还想让布莱克大叔带着他们继续往上攀登，再往上可就是冰雪带了，他们两个人还想感受一下冰雪的魅力呢。但是，布莱克大叔拒绝了他们的请求，因为高山冰雪带对于专业的登山人来说都很危险，何况他们是两个小孩子呢！他决定带着安妮和叮叮调头往山下走，毕竟他的目的已经达到了，让安妮和叮叮欣赏到了一座山不同高度所拥有的不同景致。

听到布莱克大叔的决定，安妮和叮叮也觉得再往上攀登有些冒险。他们已经有了很大的收获，不但欣赏了不同的景色，还认识了很多植物，学到了很多新的知识，已经很满足了。

上山的时候，两个人心里老是想着山上还没有到达的地

47

方会有什么东西，很容易忽略眼前的景色；下山的时候就不同了，他们可以用心地观察，发现了很多上山的时候忽略的美景，这也算是一种收获吧。来到山脚下，温度升高了，他们的热情还没有减退，他们还要到别的地方去，迎接更多的惊喜和挑战。

第 八 章
神秘的门巴族

"咱们赶紧准备一下，去探访大峡谷深处神秘的少数民族——门巴族。"布莱克大叔对正在叽叽喳喳说个不停的安妮和叮叮说道。

一听到要去大峡谷深处，而且还有神秘的少数民族，这对他俩的吸引力可大了，安妮和叮叮立马去准备自己的东西，希望能够赶快出发。

49

三个人沿着河流往上走，路越来越难走，很多地方都被一些低矮的小树木挡住了，走起来特别费劲，而且还消耗体力，让人觉得特别累。听着旁边河流的水声，安妮和叮叮忍不住朝旁边看过去，河流其实是在脚下，很深，他们就像是站在悬崖峭壁上面行走，加上风也不小，还真是有点危险呢！

　　布莱克大叔大声招呼安妮和叮叮，让他们注意安全，别太靠近崖壁，那里风太大，太危险了。刚说完没多久，安妮脚下一滑摔倒了，幸亏布莱克大叔就在她身边，一把拉住了她。安妮吓出了一身冷汗，布莱克大叔也吓了一跳。

　　突然，叮叮招呼安妮和布莱克大叔过去，两个人过去以

后，看到叮叮正在看一棵奇怪的树。这棵树差不多有2米高，叶子长得很像烟叶，绿油油的，看起来特别有生命力，非常光鲜动人。安妮觉得这棵树真是奇怪，尤其是它的叶子，忍不住想伸手去摸一下这些奇怪的叶子。

"别动，这叶子有毒！"一直在旁边观察的布莱克大叔突然喊了一声，吓得安妮立刻缩回了手。

"这是门巴族居住地附近一种特有的树，它的叶子是有毒的，虽然看起来一点都不吓人。要是你忍不住摸了它的叶子，刚开始会感觉痒痒的，过不了多久就会感觉到刺痛，然后手就会慢慢肿起来，又痒又痛，非常痛苦。虽然不会致命，但

是处理起来很麻烦。"看到安妮和叮叮疑惑的眼神，布莱克大叔说出了这种树的厉害之处。

"见到这种树，说明马上就要到门巴族居住地了，我们应该高兴呀。"布莱克大叔给安妮和叮叮打气，鼓励他们继续往前走。他们穿过这片小树林，看到不远处有一些房子，很多人在忙碌着，这一定就是门巴族的居住地了。终于到了，安妮和叮叮松了一口气，他们确实感到很累了。

远远地，他们听到有人在唱歌，虽然听不懂歌词的意思，但是曲调很优美，这应该就是门巴族独特的艺术吧。经过布莱克大叔的解释，安妮和叮叮才知道，原来这就是门巴

族最有名的"加鲁"情歌，年轻人非常喜欢唱这种歌。这里还有一种"萨玛"酒歌，是门巴族在欢迎客人的时候唱的，也是饮酒的时候必唱的歌曲。

这里的人都很热情，看到远道而来的客人，他们都很高兴。一行三人受到了热情的招待，安妮和叮叮很高兴，他们终于又吃到了喜欢的糌粑，一个年轻的小伙子非常热情，和布莱克大叔交流起来。

经过了解才知道，这个小伙子对附近的地形，尤其是那些只有猎人才去的原始森林非常熟悉，他也时常跟着有经验的猎人出去打猎。布莱克大叔原本就想去这里的原始森林感受一下，这里的原始森林是

世界上少有的还没有被破坏的净土，于是就邀请这个小伙子当向导，小伙子爽快答应了。

晚上，大家围坐在一起，唱歌跳舞，尽情欢乐，那些猎人们也尽情喝酒，围坐在火堆旁边。好久没有参加这么热闹的聚会了，安妮和叮叮非常享受，布莱克大叔也很高兴，真是难得的轻松时光呀！

第二天一大早，安妮和叮叮就来到了布莱克大叔跟前。不一会儿，那个小伙子也来了，说附近有一座蛇山，那里有很多蛇，尤其是到了一定的日子，所有的蛇都会爬出来，"万蛇出洞"的景象非常壮观。大树上盘着大蟒蛇，小树上也有小蛇，地上还有青蛇。甚至还有剧毒的眼镜

王蛇呢！

听到小伙子这么说，安妮吓坏了，别说蛇了，就是软软的毛毛虫她都害怕，想想遍地都是蛇，吐着信子，发出吓人的"嘶嘶"声，想想都起鸡皮疙瘩。叮叮不太怕蛇，但是想想遍地都是蛇，那个场景太恐怖了，还是别去冒险了。

看到两个人的表情，布莱克大叔哈哈大笑起来。他非常感谢小伙子的热情邀请，考虑到有毒蛇，为了安全，还是不去了，但是他说很期待小伙子能带他们去附近的原始森林，那是他们几个人非常想去的地方。小伙子也没有勉强他们去蛇山，他说回去准备一下，就带他们出发。

第九章

穿越原始森林

　　一切都准备好了，在门巴族小伙子的带领下，安妮、叮叮和布莱克大叔向原始森林出发了。那里很少有人踏足，有很多意想不到的危险，需要多加小心，所以布莱克大叔特意叮嘱安妮和叮叮要谨慎走路。

　　远远望去，他们不像是四个人，更像是四个移动的物体，因为他们每个人都包裹得非常严实，尤其是安妮和叮叮，他们都穿上了雨衣，腿也绑得非常严实，还戴上了手套，只有脸露在外面。两个人刚走了一会儿就开始出汗，感到很不舒服。布莱克大叔和门巴族小伙子也包裹得严严实实的，就好像对面是枪林弹雨，他们要去冲锋似的。

虽然觉得很闷热，但是安妮不敢大意，还是按照布莱克大叔叮嘱的去做。叮叮觉得这样有点太夸张，就摘下手套，还想把雨衣的帽子也摘下来，但被安妮阻止了，只好继续往前走。

这个时候，门巴族小伙子告诉大家，前面的树林里非常潮湿、闷热，有大量的旱蚂蝗，一定要加倍小心；要是旱蚂蝗落

到脸上或者身上，一定要大声喊出来，让其他人来帮忙解决。

"有那么夸张吗，难道蚂蟥能像雨点似的满天飞吗？"

叮叮有点不以为然，他根本不相信这些，安妮反倒很小心。安妮走在最后面，显得有点吃力。

突然，安妮看到叮叮的手上有一个东西，还挺大的，难道那就是旱蚂蟥吗？她赶紧喊了一声，这一喊不要紧，门巴族小伙子和布莱克大叔都过来了。刚开始叮叮还不知道发生了什么事情呢，当他突然发现自己手上有个东西的时候吓坏了，一边蹦跶着甩手，一边大叫……

布莱克大叔让叮叮安静下来，门巴族小伙子很有经验，他上前一把抓住叮叮的手，用力朝旱蚂蝗叮住的地方拍打，不一会儿，它就掉到了地上。叮叮总算是放心了，但心还是砰砰直跳，他赶紧戴上手套，再也不敢大意了。

　　"我走路的时候并没有接触到身边的植物，蚂蝗是怎么落到我的手上的呢？"叮叮很疑惑，难道蚂蝗会飞吗？

　　门巴族小伙子解释道："这些蚂蝗都是从树上掉下来的，它们很远就能闻到人的气味。大家要小心一点，前面蚂蝗就很少了，伹是草虱子非常让人反感，大家更要注

意。"听到这话，安妮和叮叮更加小心了。

　　走着走着，突然安妮说觉得很痒，就看她往脸上拍了一下。门巴族小伙子可急坏了，他赶紧跑过来，看到安妮的脸上有一只很小的草虱子。叮叮刚要帮她拿下来，就被小伙子制止了，他说这种草虱子别看很小，但是很难处理，旱蚂蟥用手拍打就可以掉下来，但是这种草虱子不能动武，拍打的话很容易让它的"嘴"留在皮肤里，这样会引起感染，那样就麻烦了。

只见他轻轻拿起草虮子，一点儿也不敢用力，慢慢地试探着往下拉，过了好一会儿才处理完。小伙子把草虮子拿下来以后，马上用酒精给安妮消毒。安妮非常感谢小伙子为她及时做了处理。

　　森林里的路还是非常难走，不过已经比刚才好多了，毕竟最难走的路都熬过来了。一两个小时以后，安妮的脸上开始红肿了，看来刚才还是没有处理妥当，得赶紧走出森林，找到最近的小镇，去镇上的医院处理。布莱克大叔也同意这么做，于是门巴族小伙子带着他们三个人，找最近的路往外赶。

很快，他们就走出了森林。幸运的是，他们刚好遇到一辆去镇上的汽车，四个人搭上顺风车去镇上。到了医院里，医生熟练地帮安妮进行了处理。幸好安妮被叮咬的时间很短，没有怎么发炎，处理起来还是比较容易的。医生给她涂抹上一些药品，说过两三天就可以完全康复了。

听到医生这么说，几个人才放心了。三个人对门巴族小伙子的热情帮助表示非常感谢，之后小伙子就回家了，而叮叮和布莱克大叔则陪着安妮，直到安妮完全康复，他们才重新上路。这次的雅鲁藏布大峡谷之旅带给他们很多惊奇，当然也有一些危险，但是他们的收获还是很大的。布莱克大叔决定带着安妮和叮叮继续到别的大峡谷，开始他们新的冒险。

旱蚂蝗

旱蚂蝗，在雅鲁藏布大峡谷地区很常见，尤其是原始森林里。这里一共有3种旱蚂蝗，大的有10厘米长，小的只有一根火柴棍大小。这其中最厉害的是花蚂蝗，这种蚂蝗的毒性最大，它们主要吸食人畜血液。在叮咬人畜的时候，它们会分泌出一种类似麻醉剂的东西，让人畜感觉不到，不容易发现它们。同时，这种类似麻醉剂的东西还有一种抗血凝固的成分，要是发现不及时，即使打落下来，也往往会流血不止，需要很长时间才能恢复。

第十章

科罗拉多大峡谷——动物的乐园

从雅鲁藏布大峡谷回来，布莱克大叔决定带安妮和叮叮去美国看一下科罗拉多大峡谷，那也是一个非常有名的大峡谷，孩子们一定会喜欢那里的。经过短暂的休息，三个人就坐上了去美国的飞机。

　　刚上飞机没多久，安妮和叮叮就闭上眼睛，准备
好好睡上一觉。安妮觉得系着安全带有点不舒服，就摘
下放到一边。布莱克大叔看到了，赶紧帮她扣好并告诉安妮：
"乘坐飞机一定要扣上安全带，否则一旦发生危险就可能会被
甩出去，那时就会有生命危险了。"听了这话，安妮吐了下舌
头，不好意思地点点头。不一会儿，两个小家伙都进入了梦
乡。过了许久，安妮和叮叮被布莱克大叔喊醒了，原来他们已
经飞到了科罗拉多大峡谷的上空，这里刚好可以俯看峡谷的全
貌。安妮和叮叮向下望去，只见这里的峡谷很深，向远方延伸
　　着，看不到尽头。

"这里的山怎么这么奇怪呢，没有山头呀。"安妮看着这些奇怪的山，忍不住问道。

　　"其实，这种地形是由水的侵蚀作用形成的，经过上千年的雨水侵蚀，比较硬的岩石保留下来，而那些比较松散的，就变成河谷里的细沙。科罗拉多高原是典型的'桌状高原'，也有人叫它'桌子山'。这些顶部非常平坦、侧面陡峭的山也因此成为了科罗拉多大峡谷的独特景致，看上去还是非常漂亮的。"布莱克大叔给安妮和叮叮讲道，两个人听完点了点头。

　　"你们仔细观察一下就会发现，峡谷两壁的气候和景观差距是很大的。一般来说，南壁比较干，比较温暖，植物很少；而北壁的海拔比较高，气候相对比较湿寒，这边林木也会比较

多。谷底和两侧的风景也不同，谷底属于干热气候，看起来就是荒漠景观。一个大峡谷，谷底和两壁的景色各不相同，这本身就是大自然的神奇功力造就的，我们只要欣赏就好了。"听完布莱克大叔的话，安妮和叮叮仔细观察了一下，确实是这样的，谷底和两壁的景色差距真是特别大，太有意思了。

布莱克大叔还告诉安妮和叮叮，在大峡谷地区，每往下游1000米，河床高度就降低约1.5米，所以这里河床的落差非常大，水流也非常湍急，因此在这里进行峡谷漂流也成为很多探险者和极限运动爱好者的第一选择。

"你们看看，这里的土壤是什么颜色。"布莱克大叔对安妮和叮叮说道。

"我看到的土壤是深蓝色的。啊，不对呀，怎么突然又变成褐色的了，这是怎么回事呢？"叮叮有点搞不明白了，安妮也是，看到的土壤颜色一会儿是棕色，一会儿又是红色的了。

　　原来，这里的岩石断层都是红色的，但是由于峡谷非常深，阳光照射也就不同，而阳光的强弱直接导致了岩石色彩的变化，看起来就会呈现出很多颜色，比如蓝色、棕色、红色等等，给人变化多端的感觉，非常神秘，扑朔迷离，让人忍不住赞叹大自然的神奇魔力。再伟大的雕刻家和艺术家在这些景色面前，也会自叹不如。

人还没到，大峡谷就已经给安妮和叮叮吃了一颗兴奋的药丸，他们非常期待踏上这片神秘、迷人的土地，去迎接新的惊喜。

　　"大峡谷不但自然景色十分独特，非常漂亮，这里还是动物的乐园。这里总共有75种哺乳动物，两栖和爬行动物就有50种，科罗拉多河里有25种鱼类，在河边和峡谷里生活的鸟类也超过300种。其中，驯鹿是数量比较多的动物，在峡谷内经常可以看到它们的身影，虽然不能靠得太近，但是我们可以站在远处的高地上观察它们。"可安妮和叮叮觉得还不是太深入，一定要让布莱克大叔讲得再详细一点。

"此外，在峡谷深处陡峭的绝壁上还有一种飞檐走壁的高手，那就是沙漠大盘羊，它们一般不和人类接触，也不容易碰到它们。这里还有一些山猫和山狗，它们的活动范围非常广，到处都能看到它们。浣熊、海狸和松鼠数量众多，算是大峡谷里比较常见的'主人'。大峡谷里还有一些山狮、蜥蜴、蛇类、龟类、蛙类等，都生活在水边，各种鸟类和蜘蛛则生活在树林里。"听完布莱克大叔的话，安妮和叮叮总算是对这里的动物有了比较详细的了解。

　　这么多的动物生活在这里，这里又是受到保护的国家公园，真是动物的乐园呀。安妮和叮叮一想到这里的动物，就期待着尽快见到它们，这也是他们来到这里的目的之一，相对于自然美景，动物更能够吸引两人的注意力。

第十一章

徒步旅行的乐趣

　　下了飞机，安妮和叮叮就迫不及待地去大峡谷了。布莱克大叔看到两个人兴致这么高，也就没有耽误，带着他们直接来到大峡谷，开始了徒步旅行。因为徒步旅行可以更好地感受峡谷的景色，对他们也是一种锻炼。

在大峡谷里徒步旅行时，如果不在这里宿营是不需要办许可证的，但是没人能在一天之内穿过大峡谷，所以布莱克大叔早就提前办好了许可证，准备在这里宿营几天。

大峡谷此时正处于一年中比较凉爽的季节，不过光照还是很强，所以布莱克大叔把自己和两个小家伙包裹得严严实实，擦了防晒霜，确保大家不会被晒伤。

荒漠景色多少有点让安妮和叮叮提不起精神来，突然，他们看到前面的崖壁上有很多洞，好像是有人居住似的。看到这个，叮叮顿时来了精神，跑在了最前面。

他走近了才发现，这里根本没有人，叮叮有点失望。布莱克大叔告诉两个人，这其实就是大峡谷里有名的崖居，是以前的人为了躲避动物，在崖壁上的洞穴里建造的房屋。有些科学家通过对这些屋子里的木头进行检测，发现这些屋子已经有1300多年的历史了。说完，布莱克大叔就带着安妮和叮叮走进了屋子。

有的屋子里非常整洁，还保持着1000多年前的样子；有的屋子里储存粮食的罐子里还有少量的粮食；有的屋子里还有一些简单的工具和家具，好像这里的人都是突然之间一起消失了。

安妮和叮叮把自己的疑问告诉布莱克大叔，布莱克大叔点点头，表扬了两个人的细心。其实，科学家也不知道这个问题

的答案，也许这个问题将成为一个永久的谜吧。

　　看完这些独特的崖居，带着这个谜，安妮和叮叮继续跟着布莱克大叔往前走。又走了很长一段时间，三个人来到一个山坳里，在这里他们发现了一块独特的岩石，上面有各种动物的图形，还有一些奇异的图形，看不出来画的是什么东西。安妮和叮叮走到岩石跟前，仔细观察起来。

　　很巧的是，几个当地人也来到了这里。经过布莱克大叔的讲解，安妮和丁丁才知道，这些当地人就是他们前面看过的那些崖居人的后裔，他们的部落每年都会到崖居处祭拜祖

先，然后来到山坳，观看这些作品。这些是印第安人的作品，最晚的也有几百年了，时间长的甚至有几千年的历史了。看到这些人这么虔诚地跪拜，安妮和叮叮忽然觉得自己好像一下子回到了几千年前，像穿越时空一样。

原本两个人还想问问心中的那个谜团，看到这些人这么忙碌，他们觉得还是算了吧，只好继续带着那个谜团前行了。告别这些人，三个人继续上路了。

此时，气温已经升高，走了很长时间，安妮和叮叮有点累了。突然，他们听到不远处有一些"沙沙"的声音，布莱克大叔赶紧让安妮和叮叮别动，他仔细地分辨着声音。听了一会儿，布莱克大叔带着安妮和叮叮小心翼翼地向前面走去。

　　走了没多远，他们发现就在前面不远处，一条粉红色的蛇正咬住一只老鼠，老鼠还在挣扎，挣扎了没几下，就一动不动了。布莱克大叔说这是大峡谷特有的粉红色的响尾蛇，有剧毒，人一旦被咬到，很难救治，面对这样厉害的家伙，还是不要招惹为好。所以，布莱克大叔带着安妮和叮叮继续赶路，这个小插曲也让他们暂时忘掉了劳累。

　　徒步了几天，他们总算是亲身感受到了大峡谷的魅力。这天上午，他们要出发去有名的岩拱。

远远望去，远处有一些巨大的岩拱，看起来非常显眼，除了旁边干燥的小树丛，没有其他的东西了。这是一个有名的景点，很多游客都会在岩拱前面拍照留念。三个人来到一个大岩拱前面，这个岩拱的跨度足有100米，高度也有三四十米，非常壮观，但它的顶部却非常薄，好像马上就会坍塌了似的。它旁边有一个牌子，上面写着："这是一个垂暮的岩拱，你这次见证了它的存在，也许下次再来，它就消失了！"看到这句话，不禁让人觉得有一丝丝的伤感，是呀，大自然有时确实是非常无情的。

　　"这些岩拱是怎么形成的呢？"安妮和叮叮对于岩拱的形成很感兴趣。

"经过日晒雨淋、风吹雨打，一些小的山体上会形成一些小的坑坑洼洼。经过无数年的冲刷和暴晒，这些小坑洼越来越大，透穿以后就成了一个洞，洞不断扩大，最后就成为现在这些岩拱了。就这样，这里不断有新的岩拱诞生，也不断有老的岩拱消

失。"布莱克大叔非常详细地对安妮和叮叮解释着，他们听得很认真，终于明白了这些岩拱的来历。

　　徒步旅行的乐趣多多，接下来，布莱克大叔说要给安妮和叮叮一个大大的惊喜，这是他们从来没有经历过的事情，一定会让他们尖声惊叫的。安妮和叮叮问是什么惊喜，布莱克大叔笑而不语，保持着神秘，这让安妮和叮叮更加期待了。

第 十 二 章

刺激的悬空廊桥

　　安妮和叮叮不知道布莱克大叔到底想带他们去哪里，只能跟着他继续向前走。走了很长时间，终于到达目的地。这时候他们才看清楚，原来这里是大峡谷南端的一个地方，布莱克大叔告诉他们这里叫老鹰崖，到谷底的深度约为1158米。

安妮和叮叮还是不知道布莱克大叔带他们来这里干什么，突然，两个人看到了不远处的悬崖旁边有一个U形建筑，上面有很多人。布莱克大叔告诉安妮和叮叮这就是有名的悬空廊桥，是锻炼一个人胆量的好地方。

布莱克大叔鼓励安妮和叮叮爬到桥上去。在这座桥上，既可以很好地观看大峡谷谷底，也可以欣赏科罗拉多河的优美风光，多好呀！

原本就有点恐高的叮叮这时觉得自己的小腿开始哆嗦，迈不开腿了，还怎么可能走到桥上呢，更别提欣赏美景了，简直是不可想象呀！

看到叮叮这个样子，安妮哈哈大笑起来，取笑他真是太胆小了。别看安妮是一个女孩子，其实她还是很勇敢的，有时候更是敢于去挑战自己，她真想到桥上去感受一下呢。

在布莱克大叔的鼓励下，安妮慢慢走到桥上。走了几步，低头往下一看，差点晕眩了。此时的她，就和站在半空中没有什么区别，脚下是1000多米深的峡谷，头顶上还刮着大风，这

个时候，她感觉到有点害怕了，腿变得沉沉的，有点迈不动脚步了。看到自己前面不远处，有一个小伙子，这个时候也走不动了，正蹲下来，闭着眼睛，给自己的腿按摩呢，看来是太紧张了，也可能是抽筋了。看到这个场景，安妮乐了，真是太搞笑了！

安妮觉得不低头往下看还好点儿，于是，她定了定神，往远处看去。其实，站在这里的视野非常开阔，远处的科罗拉多河非常美丽，一眼望不到边，蜿蜒着消失在视野中……过了一会儿，对于这样的环境适应了一些，安妮就继续沿着U形的桥往前走，很快，就从桥上下来了。

来到叮叮和布莱克大叔的面前，她非常自豪，布莱克大叔夸赞了她的胆量和勇气。这个时候，叮叮还没缓过神来呢，他想不明白安妮是怎么做到这一切的。

安妮鼓励叮叮试试，挑战一下自己。叮叮心里没底，看到很多人上去之前都很有气势，很有信心，到了上面就像是中了邪一样，不是抽筋，就是迈不动腿，自己还没上去呢，就已经迈不动腿了，这要真上去了，能有好结果吗？！

看到叮叮的表情，安妮直接拉着叮叮就往桥上走，布莱克大叔跟在后面，叮叮则是一脸不情愿的样子，还往回挣脱自己的手呢。

　　"放心吧，没问题的，有我和布莱克大叔照顾你，肯定不会有事的。"安妮一边拉着叮叮继续走，一边打消他心里的顾虑，布莱克大叔也鼓励着他。就这样他们走到了桥边，可叮叮还是很犹豫。

　　这个时候，风更大了，叮叮一只脚先迈到桥上，好像担心桥要塌了似的。接着，再小心翼翼迈另一只脚。他只是抬着头看远处，不敢低头看下面，两只手还死死抓住布莱克大叔和安妮，深怕自己被大风吹走了。

　　就这样，叮叮就像是一个机器人，在安妮和布莱克大叔的搀扶下，迈左脚，再迈右脚……费了好大劲儿，他们终于到了桥中

央。三个人停下来，安妮和布莱克大叔鼓励叮叮向下看看谷底的样子。

刚开始到桥上的时候叮叮很紧张，这个时候他已经不怎么紧张了。他低头往下看了看，这一低头让他感到一阵眩晕，觉得自己轻飘飘的，瞬间失去了知觉，连喊一声都没来得及……

再醒来的时候，他已经在桥下了，正躺在地上休息呢。

原来他晕过去了，看来真是恐高呀。

经过了解才知道，他是担心桥塌了，加上恐高，一紧张，就失去了知觉。

"哈哈，怎么可能塌呢。当时修建这座桥的时候，可是将94根钢柱打入岩壁作为桥墩，这些钢

柱打入岩壁14米深，这座桥能承受几十架波音飞机的重量，能承受强大的地震，也能承受时速160千米的强风，所以是非常安全的。"布莱克大叔给安妮和叮叮讲了有关大桥安全的事情，让他们有所了解。

本来，布莱克大叔是想给安妮和叮叮一个惊喜，没想到惊喜没有太多，倒是把大家给惊到了，不过有了这样的经历，至少叮叮会印象深刻。等大家缓过神来，布莱克大叔就带着他们离开，继续新的旅程了。

悬空廊桥

悬空廊桥，位于美国科罗拉多大峡谷，被称为"21世纪世界奇观"的创意，这个创意最早是由美国华裔企业家金鹜构思出来的。他当时来到大峡谷游览，突然就有了这个想法，后来他找各方沟通，最终促成了悬空廊桥的建成。

建设过程中，总共用掉454吨钢材。它建在距谷底1158米的高空中，安全性能是人们最关注的问题。悬空廊桥的安全性能绝对优异，抗强风和地震的能力非常强。这里每年能够吸引50万游客，体验悬在半空的感觉。

第 十 三 章

梦幻的上羚羊峡谷

　　"今天，咱们要去一个非常梦幻的地方，那里简直像是一个童话世界，非常漂亮，你们想去吗？"听到布莱克大叔的话，安妮和叮叮都很期待，尤其是叮叮，在悬空廊桥上的经历太"悲惨"了，他迫切需要美丽的景色来抚平

内心的"创伤"。

"我们要去的地方叫羚羊峡谷，以前这里常有叉角羚羊，所以被称为羚羊峡谷。这是一个非常奇特的地方，分为上羚羊峡谷和下羚羊峡谷两部分。虽然这个峡谷非常小，但是非常出名，你们去了就知道了。"布莱克大叔在去羚羊峡谷的路上给安妮和叮叮讲了一些有关的事情。

很快，他们就到了今天的目的地——上羚羊峡谷。不光是他们三个人，还有很多的游人也在这里等待。一会儿，一辆大型四轮车来了，大家都上了车，这辆车将大家拉到了峡谷的入口处。

远远望去，峡谷的入口就像是一个裂缝，很不明显。安妮

和叮叮跟着布莱克大叔，沿着这个裂缝
一直向下走，刚走到了谷底，视野突然
变得非常开阔，只是有的地方只能容纳一个人通过。进到峡谷
里面，你才能感觉到这里的神奇。安妮抬头看，岩石上有不少
缝隙，阳光通过这些缝隙照射进来，又经过岩壁的反射产生了
各种各样的颜色，在这样一个相对封闭的空间里，呈现出五颜
六色的世界，让人不由得叹服大自然的力量。

　　布莱克大叔告诉安妮和叮叮，这里不但能产生各种颜色，
最神奇的是这些颜色会随着太阳光照射角度的不同而变化，每
时每刻都有不同的色彩吸引着你，这是最令人
感到惊喜的地方。确实是这样
的，他们在谷底的每一个地方
都能感受到梦幻的美，太让人
意想不到了。

不知不觉到了中午，这个时候太阳光是直射的，谷底产生了垂直的光柱，这时导游过来了，他扬起细沙，这样光柱的效果更加震撼了，游人纷纷拿起手中的相机，拍下这难得的美景。安妮和叮叮也被这神奇的光柱震撼到了，一时之间竟然找不到什么合适的词语来形容自己的惊喜之情。

叮叮觉得老是和大家在一起很没有意思，于是自己走到最后面，想看那些细小的地方，那些不被人注意到的角落。突然，他发现一个地方，缝隙很小，顶多只够一个人穿过去。他伸头看了看里面，空间不大，也就是一两米的空间。

叮叮觉得这里肯定没有人进去过，自己要做第一个进去的人！他试探着侧过身子，想要挤进去，试了好几次都没有成功，都只差那么一点点。这个

缝隙太小了，像他这么瘦的人都挤不过去。他心里有点着急，刚好前面不远处的安妮和布莱克大叔喊他过去，他想赶紧进去看看，然后迅速出来，于是用力一挤。这下糟糕了，他没挤进去不说，还被卡在那里，出不来了。

实在没办法，叮叮只得大声呼喊安妮和布莱克大叔。两个人看到这个情况，赶紧找来了当地的导游。导游过来以后，什么话也没说，只是取下自己身上的瓶子，里面是一些透明的液体，只见他倒了一点儿在叮叮卡住的地方。这时候，叮叮急得都快哭了，心里想：要是卡在这里出不去了，那怎么办呢？叮叮头上都开始冒汗了，汗珠一滴一滴往下直滚。

过了几分钟，导游让叮叮试试，看能不能出来。叮叮试了一下，真的很神奇，刚才怎么也出不来，现在一下子就出来了，他赶紧向导游道谢。导游说这种情况很常见，尤其是一些孩子，偶尔会卡在这里的某些地方，他刚才倒的是一种当地产的润滑油，对于这种情况是非常有作用的。不过，他建议大家跟随大部队走，有什么问题随时问他，这样才可以减少很多麻烦和危险。

　　"刚才真的非常危险，看你以后还敢不敢这样做了。"

布莱克大叔严厉地对叮叮说着。安妮看到叮叮没有危险了，心里只有高兴，不过刚才的事情还是让她有点害怕的。

"接下来，我们还要去下羚羊峡谷，那里都在地下，比这里更狭小，也更危险，你们一定要跟紧我，时刻小心，听到了吗？"布莱克大叔对安妮和叮叮提出了新的要求，两个人点了点头，跟着布莱克大叔向前面走去。

第十四章

神秘的下羚羊峡谷

下羚羊峡谷一年中大部分时间是不开放的，游客也比较少，但是对于喜欢探险和刺激的冒险者来说，这里绝对是一个不容错过的好地方。也正是因为这样，布莱克大叔决定带着安妮和叮叮去体验一下这里的神奇之处。

有了上羚羊峡谷的教训，这一次导游千叮咛万嘱咐大家一定要注意安全，所有人走在一起，不能一个人单独行动。说完这些，导游就带着大家来到了峡谷入口处。整个入口看起来非常狭小，仅仅能够让一个人通过。大家探头往下看去，却什么也看不到，只看到底下黑漆漆一片，让人有点害怕。

导游走在最前面，他先顺着金属楼梯一步一步往下走，然后大家一个接一个地跟着往下走。走了十多米，已经非常黑了，幸亏叮叮带了一把小手电筒，他将手电筒咬在嘴里，慢慢

往下走去。他看到旁边的岩壁上有点点水珠，一看就非常潮湿，偶尔还会看到一些小生物，但是具体是什么东西就不知道了。

正当叮叮看得出神时，由于脚下的楼梯非常湿，不小心滑了一下，同时双手条件反射地抓住了楼梯，布莱克大叔在他下面，赶紧用手抓住他的腿，这才没有发生什么大事情，不过这也让叮叮惊出了一身冷汗。

大约走了50米，终于到了谷底。刚下去的时候空间非常开阔，像是一个大仓库，旁边有很多洞穴，通向四面八方，大家跟着导游继续往最大的一个洞穴走去。

突然，安妮对洞穴岩壁上的一些安全网产生了兴趣，她不知道这些东西是干什么用的。导游告诉她，这些安全网在关键的时候是可以救命的，尤其是在下雨天。这里很容易发生暴洪，即便是这里不下雨而上游下雨的话，也可能在短时间内形成强大的水流，将人冲走。所以，人们在这里设了很多安全网、铁梯和绳索，以免发生意外。

　　原来是这样呀，安妮听完导游的回答，满意地点了点头。

　　越往里走，洞穴越狭窄，有的地方只能一个人通过。叮叮玩得可高兴了，看到这么多平时难得一见的神秘洞穴，忘了安全问题，头不小心撞了一个包，疼得呲牙咧嘴的。安妮看到他的样子，哈哈大笑起来，嘲笑他太不注意安全了！

　　大家玩得高兴，正准备再去别的洞穴看看时，突然，导游让大家不要说话，他将耳朵贴在岩壁上，静静地听起来。

　　大家都不知道发生了什么事情，只是静静地看着导游。突然，导游抬起了头，招呼大家离开洞穴，往上面走，但是要保持秩序，不要混乱。

　　看到导游的表情，大家都知道问题有点严重，赶紧按照导游的话去做，一个一个地往上爬去。大家刚爬到楼梯上，一股洪水突然冲了进

来，大家刚才待的地方已经被洪水淹没了，真是太危险了。最后面的导游的腿都被水淹没了，他赶紧往上走几步，大家被惊得目瞪口呆，简直不敢相信自己的眼睛。

导游告诉大家，在1997年，曾有12位外国游客偷偷进入到这里，没有导游带着他们。当时这里只是下着小雨，但没想到上游雨下得很大，也就是二三十分钟时间，这群人就被洪水冲走了，最后只有一个人幸运地被卡在岩洞顶端凸出的石块上，活了下来。这是一个血的教训，从那以后，这里增加了绳索和安全网等设施，也是为了紧急时刻救命用的。

听到导游这么说，安妮和叮叮还真是有点后怕。幸亏导游经验丰富，提前判断出山洪就要来了，招呼大家到上面躲着，要不然这么大的洪水，早就把大家给冲跑了，还不知道会被冲到哪里去了呢！真是太惊险了，但是惊险过后，他们觉得非常刺激，也算是一次冒险，非常值得回味。

山洪来得快，去得也快，很快就退下去了。导游为了大家的安全，带着大家回到地面上。在黑暗里攀登了一段时间后，大家又看到了太阳，突然觉得能看到太阳真是一件好事情。而安妮和叮叮还在回味刚才在峡谷里的经历。

第 十 五 章

奇特的岩石柱子

"抓紧点儿，我们很快就到了，马上就能看到让你们非常震惊的场面了！"布莱克大叔催促着安妮和叮叮，让他们快一点儿走。

安妮和叮叮看到布莱克大叔的表情，就知道这个地方肯定不一般，应该是一个非常独特的峡谷，有着独一无二的景色，不然布莱克大叔不会表现得这么急切、这么激动。

　　山虽然不是很高，但还是有一些密密麻麻的树挡住了视线，看不到远处的情况。走在前面的布莱克大叔突然停住了，他双手叉着腰，一动不动地站在那里，安妮和叮叮紧跟了过来。

　　此时已经看不到什么树木了，面前是一个大山谷，但是这个山谷却让他们非常吃惊，两个人张大嘴巴，不敢相信自己的眼睛。

　　放眼望去，整个山谷里到处都是形状怪异的岩石，密密麻

麻的，颜色也非常鲜艳，在阳光的照耀下，就像是一大群整装待发的士兵正在接受检阅。

"大自然真是太神奇了，到底是什么样的魔力才能够创造出这样的景色呀，真是有点超乎想象了！"安妮看完忍不住赞叹起来，刚才还觉得有点累的她现在完全沉浸在了大自然神奇的创造中。她想尽快走到岩石前面，用手触摸一下它们，看看它们是不是真实的，甚至觉得自己像是到了童话世界。

"我现在感觉自己就是一个将军，正在检阅我的士兵，这个场面真是太壮观了，我想赶紧到下面去看看，看看这些神

奇的石头。真想不出来，这是怎么做到的呢？"叮叮刚说完，就忍不住第一个冲了下去，安妮和布莱克大叔也跟着朝下面走去。

山谷不是特别深，这些奇特的岩石却很高大，一般都有十几米高，有的甚至能达到20多米。那些靠近陡峭悬崖的地方，岩石都连成片了，而且不同的高度呈现出不同的颜色，远远望去，非常漂亮。

山谷非常陡峭，虽然没有什么大的石头，但却非常光滑，加上又是从高处往低处走，一不小心就可能滑倒，那样可就危险了。

"慢一点儿，这里太陡峭了，非常滑，你们两个都要小心脚下，别踩空了。"布莱克大叔赶紧叮嘱安妮和叮叮，生怕他们一不小心摔倒，再出什么事可就麻烦了，毕竟安全是第一位的。

听完布莱克大叔的话，安妮放慢了脚步，低着头，仔细地看着脚下，慢慢往下走。而叮叮却不管那一套，可能他觉得自己是男孩子，没什么大不了的，这个小山谷还是难不倒他的，根本没有把布莱克大叔的话听进去。

终于，还有十多米就到谷底了，叮叮这个时候加快了脚步，把安妮和布莱克大叔远远甩到了身后，他心里还有点儿小得意。突然，他稍微一走神，脚下一滑，根本来不及反应就直

接踩空了。只听到"啊"的一声，他的身体被甩了出去，直接倒在地上。这里坡度比较大，也没有什么东西可以抓住，叮叮滚了几个滚儿，到了谷底才停下来。

一看叮叮摔倒了，安妮和布莱克大叔赶紧跑过去找他，直到两个人来到叮叮的身边，他还躺在地上呢，看来是摔得不轻。布莱克大叔赶紧确认一下，询问了一下叮叮，确认没有什么大问题，这才放心。

经过检查，叮叮只受了一些皮外伤，胳膊和腿上有一些擦伤，布莱克大叔简单给他处理了一下，三个人就在原地休息

一会儿。

　　过了一会儿，三个人站起身，终于可以近距离和这些神奇的岩石接触了。它们甚至看不出有打磨的痕迹，看得出大自然的功力真是高。这里就像是有人刻意把土都挖出来，然后又填充了各种颜色的岩石柱子，而且都是奇形怪状的，除了大自然，真的想不出还有谁可以做到。

　　安妮和叮叮穿梭在这些奇怪的岩石柱子中间，好像一下子来到了奇幻的世界。

　　布莱克大叔告诉安妮和叮叮，这里有十四条几百米深的山

谷，在山谷的悬崖峭壁上有很多经过一万年侵蚀形成的洞穴，那些洞穴非常神秘，偶尔会有一些探险的人到那里一探究竟。如果他们想去看看的话，可以带他们去，但是一定要听他的话，确保安全才可以。

"好呀，好呀，咱们赶紧去看看吧，我都等不及了。"一听到布莱克大叔说要去悬崖，还有神秘的洞穴，叮叮的好奇心马上就被激发出来了，恨不得马上就去。安妮也非常好奇，希望能够亲身感受一下。

第 十 六 章

悬崖上的洞穴

看完那些奇特的岩石柱子，布莱克大叔带着安妮和叮叮来到这些几百米深的峡谷中，沿着小路往前走。

"快看，我们要去看的是不是就是那些洞穴呀？"叮叮指着不远处悬崖峭壁上的几个洞穴说。安妮顺着叮叮手指的方向看过去，洞穴在峭壁靠上一点的位置，要是从下

面往上攀登的话，难度非常大，岩壁非常光滑，几乎是垂直的，很难找到攀爬的地方。

　　"是呀，就是这里，但是从下面往上攀爬太费劲了，基本上不太可能，而且危险性非常大。我们最好是到山谷顶上，从悬崖上面用绳索往下降，这是最好的选择。"布莱克大叔告诉安妮和叮叮自己的想法，就带着两个人往山谷顶上爬去。

　　等到三个人好不容易爬到山谷上面，安妮和叮叮已经累得直喘气了。布莱克大叔赶紧让他俩休息一下，自己则在附近看了看，寻找比较安全的地方。他找到了一棵大树，这里最适合

拴绳子了。

等到安妮和叮叮休息好了，布莱克大叔已经找到最佳的位置把绳子拴好了。接着，三个人就将绳子绑到身上，布莱克大叔仔细检查了好几遍，确定没有任何问题后，又给安妮和叮叮讲了一些需要注意的事情，才带着两个人开始往悬崖下面降落。

为了确保万无一失，布莱克大叔还用一根绳子将三个人连到一起，这样的话即使有一个人脚下滑了，也可以被另外两个人拉住，不会有什么太大的危险。

安妮和叮叮都是第一次这么玩，非常激动。两个人的小心脏砰砰直跳，他们很仔细地按照布莱克大叔讲的注意事项，跟着布莱克大叔小心翼翼地慢慢往下降。

十多分钟以后，三个人终于到了洞穴的位置，布莱克大叔悬着的一颗心总算是放下来了。他们选择的这个洞穴是几个洞穴里最大的一个，足足有两人多高，而且里面不是特别深，一眼就能望到底。

虽然只有十多分钟，但是非常消耗体力，大家在洞穴口坐下来，安妮和叮叮需要好好休息一下。坐在这里，放眼望去，整个山谷的景色尽收眼底，而且在这里看的感觉和在山谷顶上的感觉完全不一样，有一种强烈的征服

感，这也许就是那些探险爱好者喜欢这里的原因吧。

安妮和叮叮本以为洞穴会非常神秘，没想到一眼就能看到底了，稍微有那么一点点的失望。但是看到洞穴里有很多的鸟粪，他们突然又觉得非常自豪，这说明除了鸟儿，没有几个人到过这里，现在他们征服了这个地方，坐在这里。

安妮和叮叮还在享受征服的感觉呢，布莱克大叔考虑的却是如何上去的问题，他原本打算直接往下降，一直降到谷底，但是由于悬崖太高了，绳索不够长，只能往上攀登了。这对于安妮和叮叮是一个极大的考验，他们的体力也是未知数，

这一点让布莱克大叔心里没底。

布莱克大叔为了确保安全，决定自己先上去看看。他在安妮和叮叮的身上又加上了一根绳子，这样他们两人往上爬的时候，他可以同时在上面拉，这样就快很多，而且更安全。

布莱克大叔很快就到了谷顶，他对着下面大喊，让安妮先上来。他担心叮叮上来了以后，安妮一个人在下面会害怕，毕竟叮叮是男孩子，胆子多少会大一些。

安妮按照布莱克大叔的叮嘱，保持好身体的姿势，一步步往上爬，布莱克大叔在上面拉，这样安妮不用费太多力气，应该很快就能上去了。突然，一阵大风刮来，安妮脚下一滑，整个人就荡在了空中，她吓得大叫一声，

哭了起来。

幸亏安全绳绑在了安妮的腰上，脱手了也不会有太大危险。布莱克大叔在上面，叮叮在下面，都安慰安妮，给她打气，安妮很快就调整好了情绪。那阵奇怪的大风来得快去得也快，安妮重新抓住绳子，很快就被布莱克大叔拉上去了，她身上只是有一点擦伤，没有太大问题，这也算是运气好了。

随后，叮叮抓住绳索，布莱克大叔和安妮两个人在上面拉，不一会儿工夫，叮叮就上去了，这次非常顺利，没出现什么意外。叮叮上来的第一件事情就是赶紧去看看安妮的伤，这下子两个人身上都有了擦伤，但是他们战胜了困难，战胜了自己，这也许是他们最大的收获吧。

第十七章

美味的淡水鱼

布莱克大叔带着安妮和叮叮走了很长时间，放眼望去，这里的土地非常贫瘠，没有什么树木，只有一些长刺的植物，它们都有一米多高，主干非常粗，叶子就像是利刃，向四面八方伸出来，仔细看的话，你会发现叶子的边缘有许多弯钩。它们像是树，但又不是树，也不是仙人掌，到

底是什么，安妮和叮叮不认识，只好去问布莱克大叔。

"这些植物叫作蒲雅，是当地的一种神奇植物。你们仔细看看就会发现，它们的叶子中间有小鸟的尸骨，因为这里的树木太少了，很多小鸟找不到筑巢的地方，不得不在蒲雅上筑巢。但是蒲雅的叶子非常锋利，经常会有小鸟因此丧命。而这些空着的鸟巢也会吸引别的小鸟过来，这也就成了死亡陷阱。"布莱克大叔向安妮和叮叮解释道。

安妮和叮叮听完布莱克大叔的解释，点了点头。

不过，叮叮还是觉得自己应该亲身感受一下这些叶子，于是就用手去摸了摸，谁知道用力大了一点，只见他马上就缩回了手，并用另一只手握住了刚才触摸叶子的手指，看来他是被刺到了。

布莱克大叔走到叮叮跟前，看到他的手指流血了，赶紧给他包扎了一下。

"这下你知道蒲雅的厉害了吧，它们的神秘还不止这些呢。很多生物学家都对它们进行过研究，认为蒲雅含有一种独特的化学物质，能够吸收小鸟的尸体，慢慢地把小鸟'吃掉'，而自己则长得更加茂盛。"布莱克大叔一边走，一边继续为安妮和叮叮讲一些和蒲雅有关的知识。

被蒲雅"咬"了一口的叮叮总算是领教到了蒲雅的厉害，让他对这种神秘的植物有了一个全

新的认识。

　　"前面就是峡谷中最大的城镇了，咱们赶紧去休息一下，顺便品尝一下美味的淡水鱼。这里有一种非常独特的淡水鱼，不用添加任何调料，烤出来就非常美味，在当地是非常有名，也是到这里来的游客们不可错过的美食。"布莱克大叔对安妮和叮叮说道。

　　一听到有美味的鱼，安妮和叮叮的肚子开始咕咕叫起来，他们咽了咽口水，真想现在就能吃到美味的烤鱼。两个人赶紧跟着布莱克大叔进了城镇。一到城镇，就是另外一番景象了，非常热闹，来自世界各地的游客聚集到这里，估计都是被这里独特的美景和美味吸引来的吧！

布莱克大叔带着安妮和叮叮先找好住的地方，休息了一会儿，他就带着安妮和叮叮来到了当地的一家餐馆。这里不但有美味的烤鱼，还有各种当地的风味小吃。安妮和叮叮早就等不及了，他们先品尝了一下当地的独特小吃，然后专心等着烤鱼上来。

　　不一会儿，香喷喷的烤鱼就端上来了，单是看起来就色泽鲜美，金黄色的外皮，让人一看就很有食欲。安妮和叮叮赶紧吃起来，一口咬下去，外酥里嫩，那种鱼的鲜味顿时充满了整个口腔，他们还从来没吃过这么鲜嫩的烤鱼呢，而且是没有添加任何调料的烤鱼。这让他们胃口大开，将几天以来的劳累都抛到了脑后，直到吃得再也吃不下了，两个小家伙才停下来。

吃完美食，布莱克大叔带着安妮和叮叮来到了离城镇不远处的山脚下，山上的雪水融化，顺着山的一侧流下来，在这里形成了一个水潭，潭水清澈见底。

"这个水潭里就有咱们刚刚吃过的鱼，这些鱼都是在雪山融化的水里生活，这种独特的环境也使得这种淡水鱼非常独特，具有一种别处没有的风味，你们现在知道烤鱼为什么这么美味了吧。"布莱克大叔站在水潭边上，看着山上流下来的水落下来，就像一个瀑布，景色非常美。

看到这么漂亮的景色，安妮和叮叮也觉得非常开

心，怪不得这么好吃呢，在这样的环境中生活，连鱼都是开心的，能不美味吗！

　　"时间也不早了，咱们赶紧回去休息吧，明天还要去别的地方呢。"听了布莱克大叔的话，安妮和叮叮就跟着回去了。最近这几天确实有点累，是应该好好休息一下，养精蓄锐，迎接接下来的更大的惊喜和挑战。